TRAITÉ COMPLET

DE

DESSIN LINÉAIRE.

Strasbourg, imprimerie de veuve Berger-Levrault, rue des Juifs, 33.

TRAITÉ COMPLET

DE

DESSIN LINÉAIRE,

A L'USAGE

DES JEUNES GENS QUI SE DESTINENT AUX ÉCOLES SPÉCIALES ET AUX PROFESSIONS INDUSTRIELLES;

PAR

J. LIPOWSKI,

Professeur de géométrie descriptive et de dessin linéaire à l'école industrielle municipale, et professeur de dessin linéaire au collége royal de Strasbourg.

Première partie :

DESSIN A MAIN LIBRE.

STRASBOURG,

CHEZ VEUVE LEVRAULT, LIBRAIRE, RUE DES JUIFS, 33.

PARIS,

A SON DÉPOT GÉNÉRAL : CHEZ P. BERTRAND, LIBRAIRE,

Rue Saint-André-des-Arcs, 65.

1847.

A

M. MICHELLE,

RECTEUR DE L'ACADÉMIE DE STRASBOURG, HAUT TITULAIRE DE L'UNIVERSITÉ,
OFFICIER DE LA LÉGION D'HONNEUR.

Hommage de mon profond respect et de ma vive reconnaissance.

J. LIPOWSKI.

PRÉFACE.

Il existe un certain nombre de traités de dessin linéaire, qui tous jouissent, à bon droit, de la faveur publique. Les ouvrages des Francœur, des Lamothe, des Leblanc, etc., et dans ces derniers temps les excellents travaux de M. Bardin, de Metz, peuvent, à juste titre, revendiquer une large part dans les progrès que cette science a faits depuis quelques années.

Cependant, l'expérience nous a démontré qu'il restait encore beaucoup à faire.

En effet, parmi ces traités, les uns, très-savamment écrits, ne peuvent par cela même convenir aux commençants; les autres, au contraire, ne traitant que des procédés élémentaires, deviennent insuffisants pour ceux qui veulent étendre et compléter leurs connaissances.

En outre, certaines parties du dessin linéaire, à peine indiquées dans les auteurs dont nous venons de parler, nous ont paru nécessiter de plus larges développements; d'autres, totalement négligées, réclamaient impérieusement une place dans des traités pratiques qui doivent présenter, successivement et méthodiquement expliquées, toutes les parties de la science qui en fait l'objet.

Pour ne citer qu'un exemple, le dessin à main libre, partie si importante du dessin linéaire, et qui doit pour ainsi dire en précéder l'étude, n'a jusqu'à présent nullement préoccupé les auteurs. Nous aurons, du reste, l'occasion d'insister sur cette omission dans la première partie de notre traité.

Ces considérations nous ont fait entreprendre, d'après les conseils de personnes compétentes, de publier un cours complet de dessin linéaire, résumé méthodique des leçons que nous donnons depuis quinze ans à Strasbourg, tant à l'école industrielle qu'au collége royal.

On pourra juger du soin que nous avons apporté à cet ouvrage et de l'esprit qui a présidé à sa rédaction, par les titres des différentes parties qui le composent :

1.° Dessin à main libre;

2.° Dessin géométrique;

3.° Éléments de géométrie descriptive avec les applications à la théorie des ombres, à la perspective, à la stéréotomie et aux levées des machines;

4.° Dessin coté des outils et des machines simples;

5.° Dessin topographique;

6.° Architecture (6 ordres).

Cette disposition tout à fait nouvelle nous a paru réunir les conditions essentielles pour faire connaître, dans ses diverses parties, la science qui nous occupe. Le public jugera si nous sommes allé trop loin dans nos prévisions.

Nous avons voulu, en un mot, faire un livre utile, qui fût un guide sûr pour les commençants, et qui pût en même temps être consulté avec fruit par tous ceux qui s'occupent de dessin linéaire. Si nos espérances se réalisent, nous serons amplement payé de nos efforts; c'est toute notre ambition et la seule récompense que nous désirions obtenir.

DESSIN A MAIN LIBRE.

S'il est une partie de notre ouvrage que nous présentions avec confiance au public, c'est assurément celle-ci. Le dessin à main libre, négligé presqu'entièrement jusqu'à ce jour, offre, l'expérience l'a démontré, des avantages précieux et incontestables.

Légèreté et sûreté de la main, justesse du coup d'œil, netteté et exactitude dans l'exécution des dessins, telles sont les qualités que les élèves acquerront par ce genre d'exercices.

Enseigné avec soin, le dessin à main libre facilite considérablement le tracé des figures, dont le dessin linéaire proprement dit demande l'exécution.

En publiant ce petit traité, nous pensons avoir comblé une lacune depuis longtemps remarquée dans les ouvrages les plus estimés d'ailleurs.

Avant d'apprendre le dessin linéaire, il faut que l'habitude et l'exercice aient enseigné à manier la plume et le crayon avec précision et facilité.

Pour arriver à ce but, les jeunes gens seront tenus de faire sur des cahiers, appropriés à cet usage, les figures et les lignes dont l'indication est donnée plus bas.

Le but principal de ces exercices étant de former la main et le coup d'œil, l'emploi de la règle et du compas doit être sévèrement interdit; le crayon et la plume seront seuls autorisés.

Dans les écoles primaires les enfants pourront d'abord s'exercer à tracer les figures avec de la craie sur le tableau noir, en leur donnant des dimensions plus grandes que celles du modèle.

Pour faciliter l'exécution des dessins, nous avons donné d'abord les figures composées de lignes droites et des combinaisons de ces lignes entre elles. Puis viennent les lignes courbes et leurs différentes combinaisons, soit entre elles, soit avec les lignes droites. Enfin nous donnons différentes figures d'ornements.

Matériaux nécessaires pour le dessin à main libre.

Un bâton d'encre de Chine;

Un godet en porcelaine pour broyer l'encre de Chine dans une quantité d'eau suffisante;

Une plume taillée de manière à pouvoir tracer des lignes de grosseur différente;

Un crayon de mine de plomb, ni trop dur, ni trop mou, afin que les lignes mal tracées puissent être facilement effacées;

Un morceau de gomme élastique pour effacer;

Un canif;

Un cahier de papier bien collé.

Pour obtenir des traits fins et unis, l'élève prendra avec le dos de la plume de l'encre de Chine bien noire; il conduira celle-ci d'un bout à l'autre de la ligne, de manière à tracer chaque ligne d'un seul trait. Si cependant, à cause de la longueur d'une ligne, il se voyait obligé de s'arrêter, il faudrait qu'il s'y reprît adroitement, de manière à ne pas laisser apercevoir l'endroit où la plume s'est arrêtée.

Le cahier doit être d'une grandeur convenable et cousu. L'élève disposera la page sur laquelle il doit dessiner de la façon suivante : Soit ABCD (planche 1.re) la page du cahier; il tracera à égale distance les unes des autres les lignes *ab*, *cd*, *ef*, *gh*, etc., de manière à obtenir cinq cases égales à la première case *abcd*. La page ainsi préparée, il tracera dans la 1.re, la 3.e et la 5.e case des traits fins avec la plume, sans le secours du crayon (exercices 1, 2, 3, 4 et 5); puis dans la 2.e et la 4.e case des traits plus gros.

Les lignes des cases 1 et 2 se nomment *lignes verticales;* celles des autres cases, *lignes obliques*. Ces lignes sont simples ou doubles; dans ces dernières le premier trait est toujours plus fin que le second.

La page terminée, si le professeur juge que ces premiers exercices sont suffisamment connus, l'élève disposera la seconde page du cahier de la même manière, et passera aux figures suivantes.

Les lignes représentées dans les exercices 10 et 11 sont dites *lignes horizontales;* elles sont aussi simples ou doubles.

Une page au moins doit être consacrée à chacun des exercices précédents.

A partir de l'exercice 12, l'élève devra se servir du crayon pour tracer légèrement les lignes principales des figures, avant de les passer à l'encre de Chine.

Il est bien entendu que l'ébauche au crayon se fera à main libre, sans règle ni compas.

Quelle que soit la direction des lignes à tracer, le cahier sera toujours tenu bien droit. Dans aucun cas, et sous aucun prétexte, l'élève ne pourra manquer à ce principe.

Il n'est pas essentiellement nécessaire que le dessin soit toujours de la même grandeur que le modèle; il pourra être plus grand ou plus petit, pourvu toutefois que les différentes parties soient toutes dans de justes et exactes proportions.

Les exercices 12, 13 et suivants, jusqu'à l'exercice 29, sont des combinaisons de lignes verticales, obliques, horizontales, perpendiculaires et parallèles. Les figures résultant de la combinaison de ces différentes lignes, ont des noms particuliers, que le dessin géométrique fera connaître. (Voir la seconde partie.)

L'exécution des différentes figures devant toujours être méthodique et assujettie à certaines données, nous avons tracé sur chacune d'elles des lignes *pointillées*, dites lignes *auxiliaires de construction.*

Ces lignes devront toujours être tracées au crayon avant de l'être à l'encre.

Les lignes de construction ont pour but de faciliter aux élèves l'exécution des dessins, dont elles divisent *symétriquement* les diverses parties.

Les exercices 29, 30 et suivants, jusqu'à l'exercice 39, sont encore composés de lignes droites, mais l'exécution de ces figures est déjà plus compliquée. Ces exercices sont destinés à donner de la justesse au coup d'œil, de la sûreté à la main, tout en habituant les élèves à dessiner avec méthode et symétrie.

Afin de rendre plus facile l'exécution de ces dessins, je donnerai l'explication détaillée de la figure 1.re (planche 6). Elle servira de modèle pour la construction des figures analogues.

Pour tracer la figure qui représente un *encadrement de croisée* orné de pilastres, l'élève mènera au crayon la ligne AA, qu'on nomme *ligne de terre,* puis la ligne BB, appelée *axe de symétrie*[1]. A partir du point B il prendra sur cet axe, à des distances convenables, les points C, D, E et F; par les trois premiers points il mènera des lignes parallèles, *également distantes sur toute leur longueur,* à la ligne de terre; de cette manière il obtiendra les quatre parties principales de la figure.

Pour achever la première partie, qu'on nomme *appui de croisée,* il prendra au-dessus de B et au-dessous de C les points *a* et *b;* par ces derniers il mènera les lignes *dd* et *ff,* parallèles à la ligne de terre; il prendra sur ces lignes les

---

1. L'axe de symétrie partage toujours une figure en deux parties parfaitement égales.

points *e*, *d*, *f*, *c*, et en unissant ces points deux à deux, la 1.re partie sera terminée.

Pour la deuxième partie, appelée *jambage à pilastres*, il marquera sur la ligne *cc* deux points G G; par ces deux points il mènera deux lignes G G, parallèles à l'axe B B, qui serviront d'axes pour les pilastres; à partir des points G, il marquera les points *h*, ainsi que les points *k*; par ces derniers il conduira des lignes parallèles à la ligne de terre, et sur ces parallèles il prendra les points *ii*; en joignant les points *i* deux à deux et les points *i* et *h*, il obtiendra les deux pilastres. Enfin, pour terminer cette partie, il prendra de chaque côté du point C les points L, et de ces derniers il élèvera les lignes L *l*, parallèles à l'axe principal, et joindra les points *l*, ce qui donnera l'ouverture de la fenêtre.

Pour faire la troisième partie, il marquera sur D B les points *m* et *n*; par ces derniers il mènera les lignes *oo* et *pp*, parallèlement à G G; sur les lignes passant par les points D, E, *m* et *n*, il prendra les points symétriques *q*, *o*, *r*, *p* et *s*, qu'il joindra deux à deux pour obtenir le contour de l'*entablement q o r p s*.

Enfin, pour terminer, il prendra au-dessous de F le point *t*; il réunira les points F et *s*, et par *t* il mènera les lignes *tu*, également éloignée de F *s*. De cette façon il achèvera le *fronton*, et le dessin de la figure étant ainsi complétement terminé au crayon, il ne s'agira plus que de le reprendre à la plume.

La marche à suivre pour les autres figures est à peu près la même. L'élève dessinera d'abord la ligne de terre, après quoi il marquera tous les axes de symétrie. A partir de ces axes il prendra de part et d'autre les mêmes dimensions.

Quant aux ornements grecs (fig. 32, 33, 34 et 35), les lignes de construction indiquent suffisamment la manière de les exécuter.

Remarque. Pour chaque figure on emploie deux sortes de lignes, les unes fines, les autres plus fortes.

L'emploi de ces lignes n'est pas arbitraire. Voici la raison de cette différence.

Tout dessin représente un objet qui, pour être visible, doit être éclairé. Cet objet, éclairé d'un côté, est dans l'ombre de l'autre. La partie qui reçoit la lumière se fait au trait fin, la partie dans l'ombre au trait fort. Il est bien entendu que la grosseur de la ligne variera entre les deux limites extrêmes, selon que la lumière ou l'ombre l'emportera plus ou moins.

Dans le dessin linéaire, le dessin topographique, etc., il est généralement convenu de faire arriver la lumière par l'angle gauche supérieur du tableau, de telle sorte que les rayons lumineux fassent avec la base ou ligne inférieure du tableau, un angle de 45°, c'est-à-dire sous une obliquité qui tienne le milieu entre la ligne verticale et la ligne horizontale.

Les exemples réunis dans le cadre fig. 39 (pl. 8) serviront à faire comprendre ce que nous venons de dire. Les lignes *pointillées* représentent la direction des rayons lumineux. Dans les figures 1, 2 et 3, nous voyons le côté frappé par la lumière dessiné avec un trait fin, le côté opposé avec un trait plus fort. Cela a toujours lieu lorsque le dessin représente un objet en relief. Mais si le dessin représentait un objet creux, tel que le lit d'une rivière (fig. 4), le contraire aurait lieu. Le côté frappé par la lumière serait au trait fort et le côté dans l'ombre au trait fin.

La direction des rayons lumineux est arbitraire et toute de convention. Rien n'empêcherait au fond de faire arriver la lumière dans une autre direction, par exemple du côté droit. Cependant la direction que nous avons indiquée plus haut, est généralement adoptée.

Les figures 40, 41, 42, etc. contiennent des exercices sur diverses lignes courbes et sur les différentes combinaisons de ces lignes, soit entre elles, soit avec des lignes droites.

Nous donnons ensuite plusieurs figures d'ornements.

Les dessins des planches 17, 18, 19, 20 et 21 ont été exécutés d'après les croquis, qu'a bien voulu nous communiquer M. Rœthlisberger, architecte en cette ville.

Explication des Figures.

Figures 87 et 88. Chapiteaux de l'église St Sébald à Nuremberg. — Style bysantin ancien.
— 89. Fragment gothique de l'église d'Eichstadt.
— 90. Chapiteau. — Style bysantin nouveau adopté à Munich.
— 91. Chapiteau de la chapelle St Ottmar à Nuremberg.
— 92. Piédestal gothique.
— 93. Fragment d'une console. — Style bysantin nouveau.
— 94. Fragment d'un chapiteau. — Style bysantin nouveau.
— 95. Ornements de fronton. — Style bysantin nouveau.
— 96 et 97. Rosaces formant frise. — La 1.re est gothique.
— 98. Encadrement gothique fleuré d'un tableau de l'église Notre-Dame à Nuremberg. (15.e siècle.)
— 99. Chapiteau. — Style bysantin nouveau.
— 100. Encadrement d'un tableau de Lucas de Leyden. (15.e siècle.)
— 101. Frise gothique. (14.e siècle.)

Si ces figures et celles qui précèdent sont bien comprises et soigneusement exécutées, l'élève se trouvera convenablement préparé au dessin linéaire proprement dit, au dessin géométrique, d'architecture, de topographie, et au dessin des machines.

On conçoit du reste que les exercices pourront être multipliés et répétés suivant le plus ou moins d'aptitude des élèves.

C'est au professeur à juger du moment où, suffisamment préparés, ils peuvent commencer le dessin géométrique.

FIN.

Dessin à main libre.

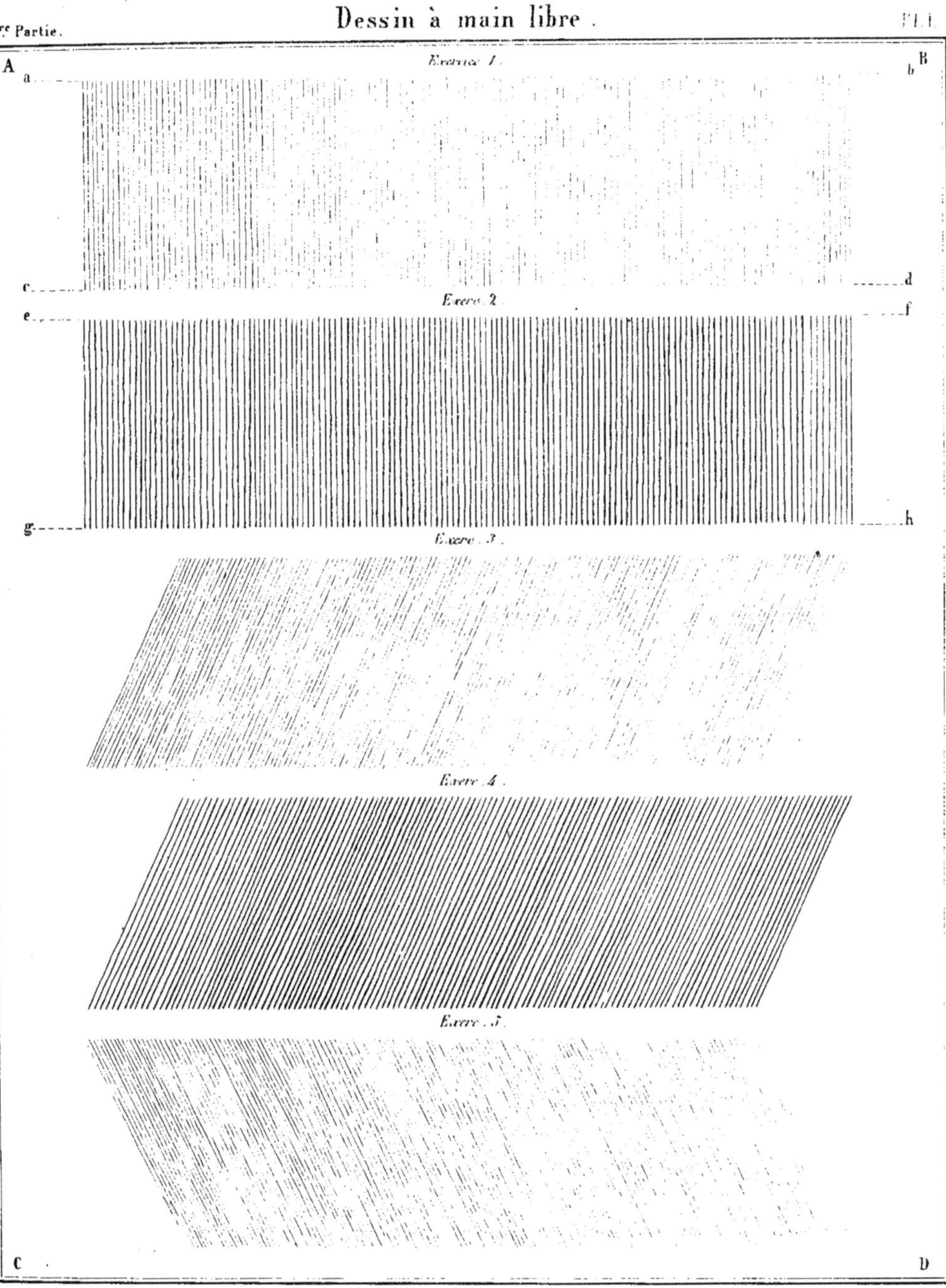

Exercice 6.
Exerc. 7.
Exerc. 8.
Exerc. 9.
Exerc. 10.
Exerc. 11.

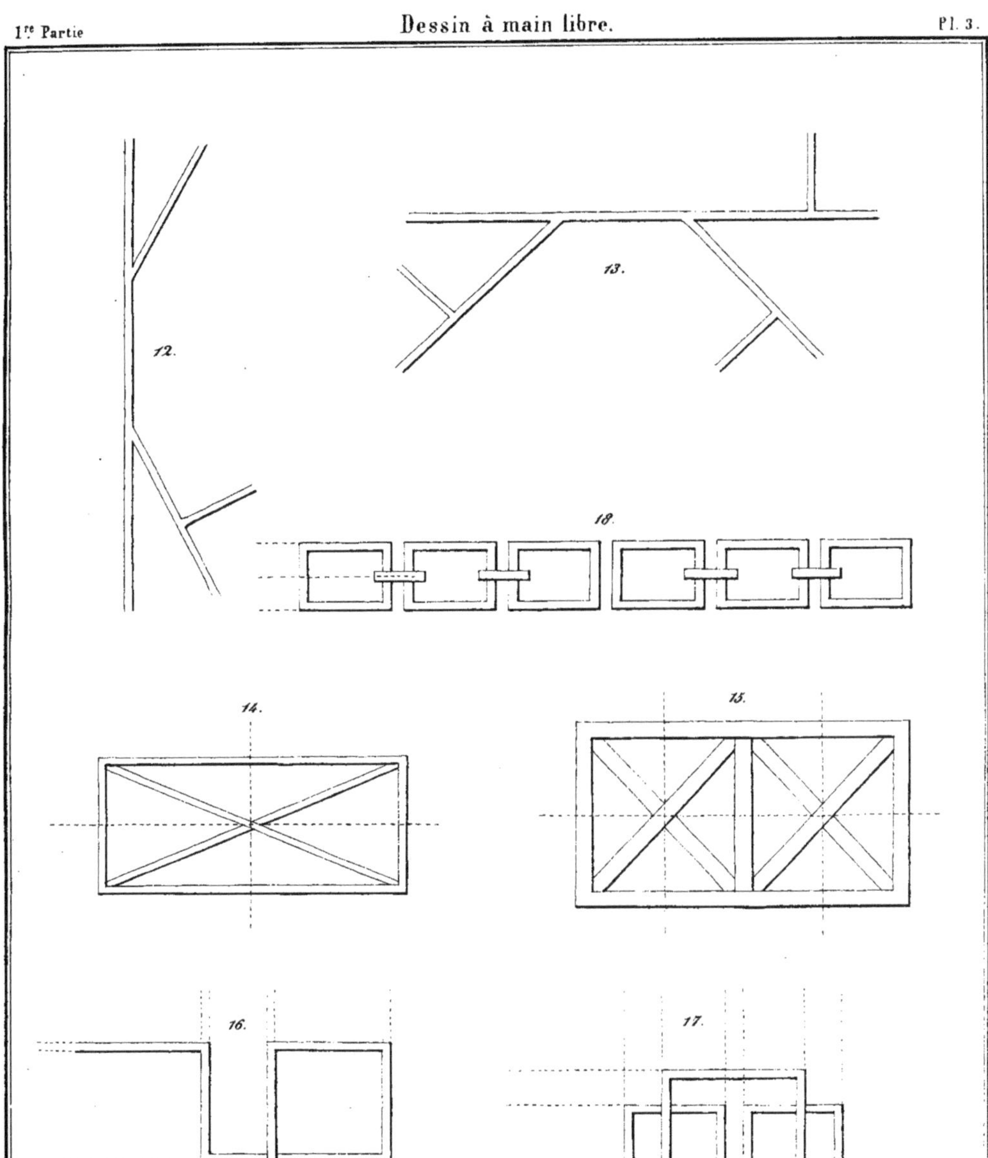

Lithographie de V. Tavault

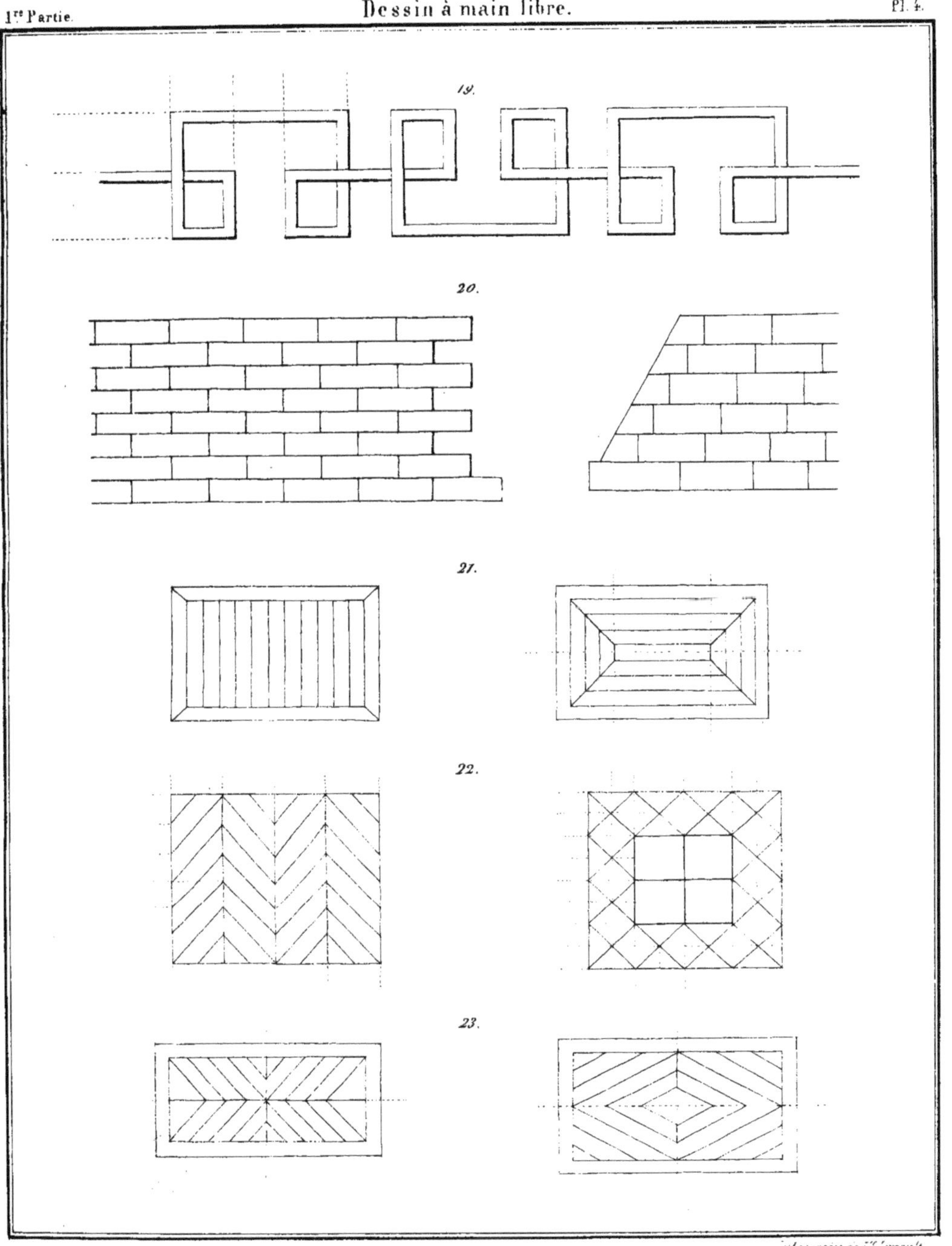
19.
20.
21.
22.
23.

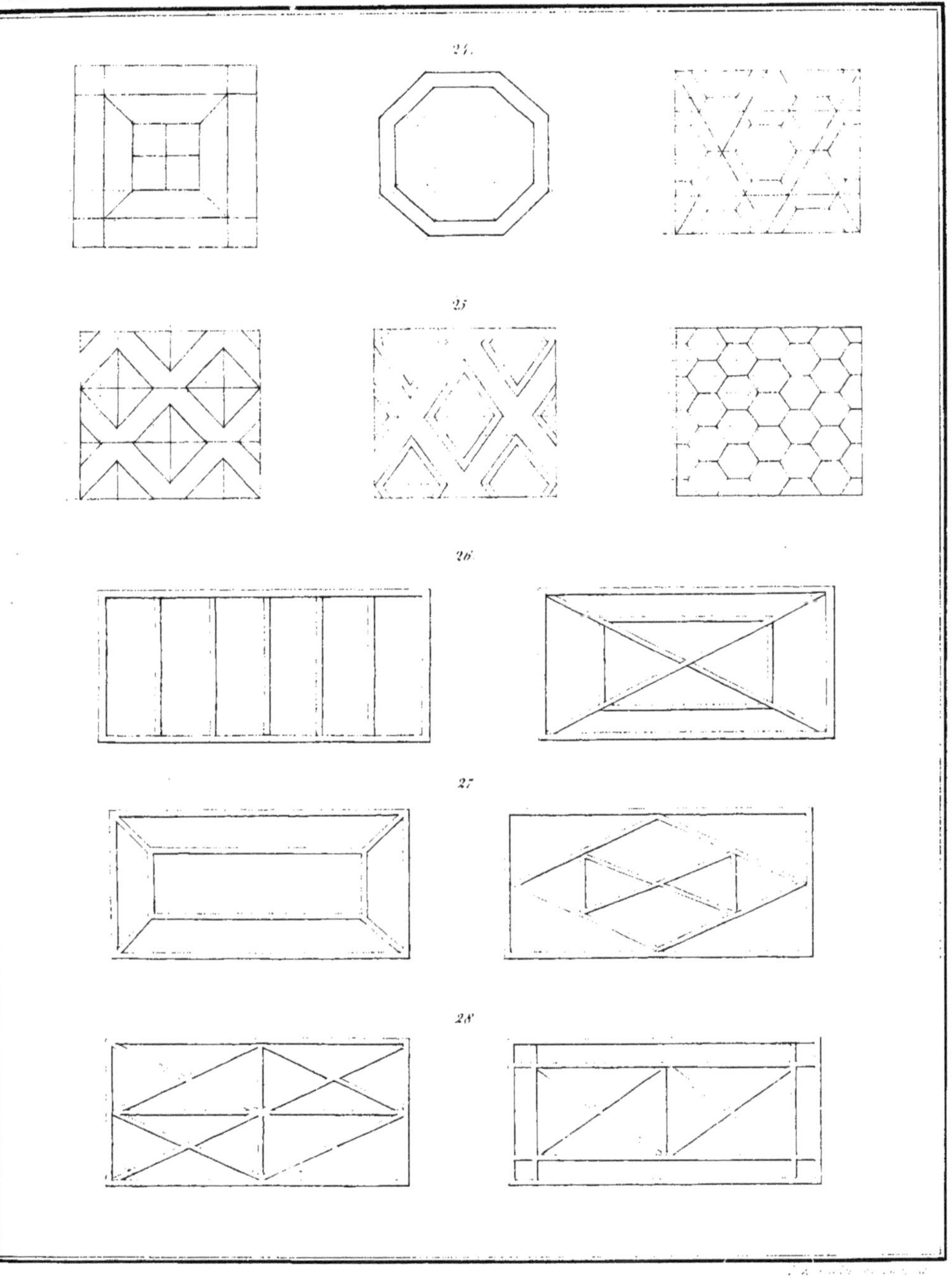
24.
25
26.
27
28

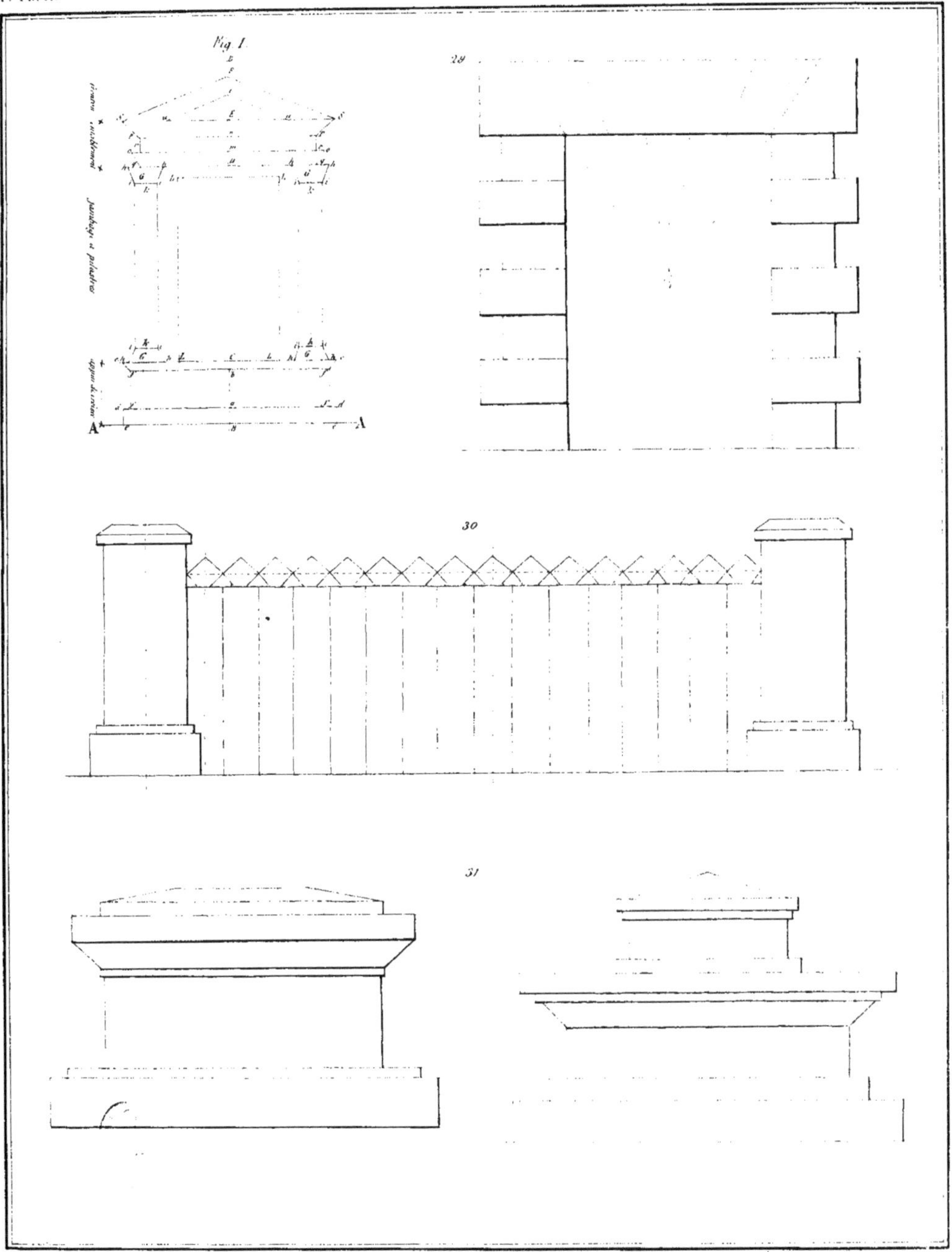
Fig. 1
29
30
31

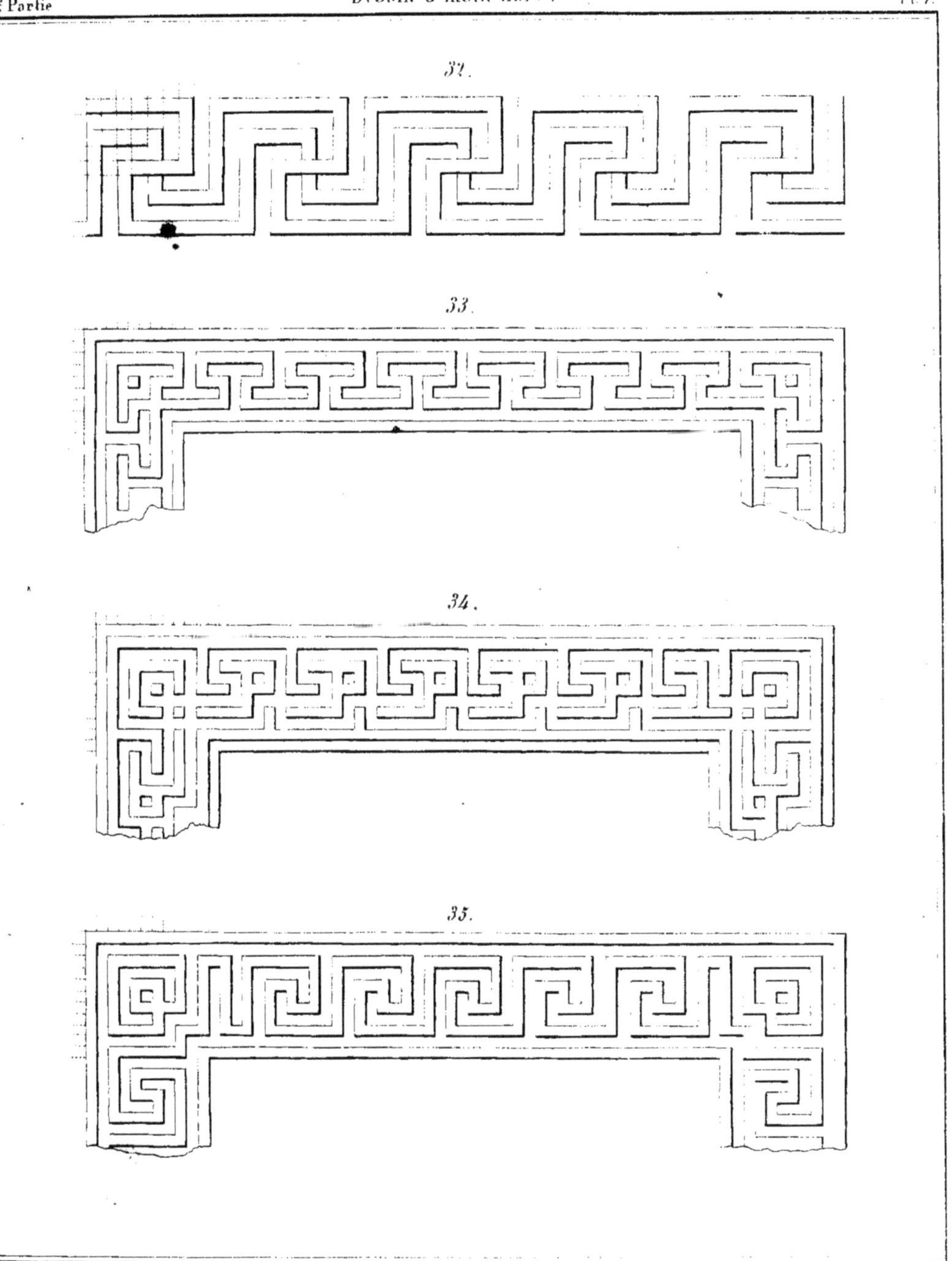
32.
33.
34.
35.

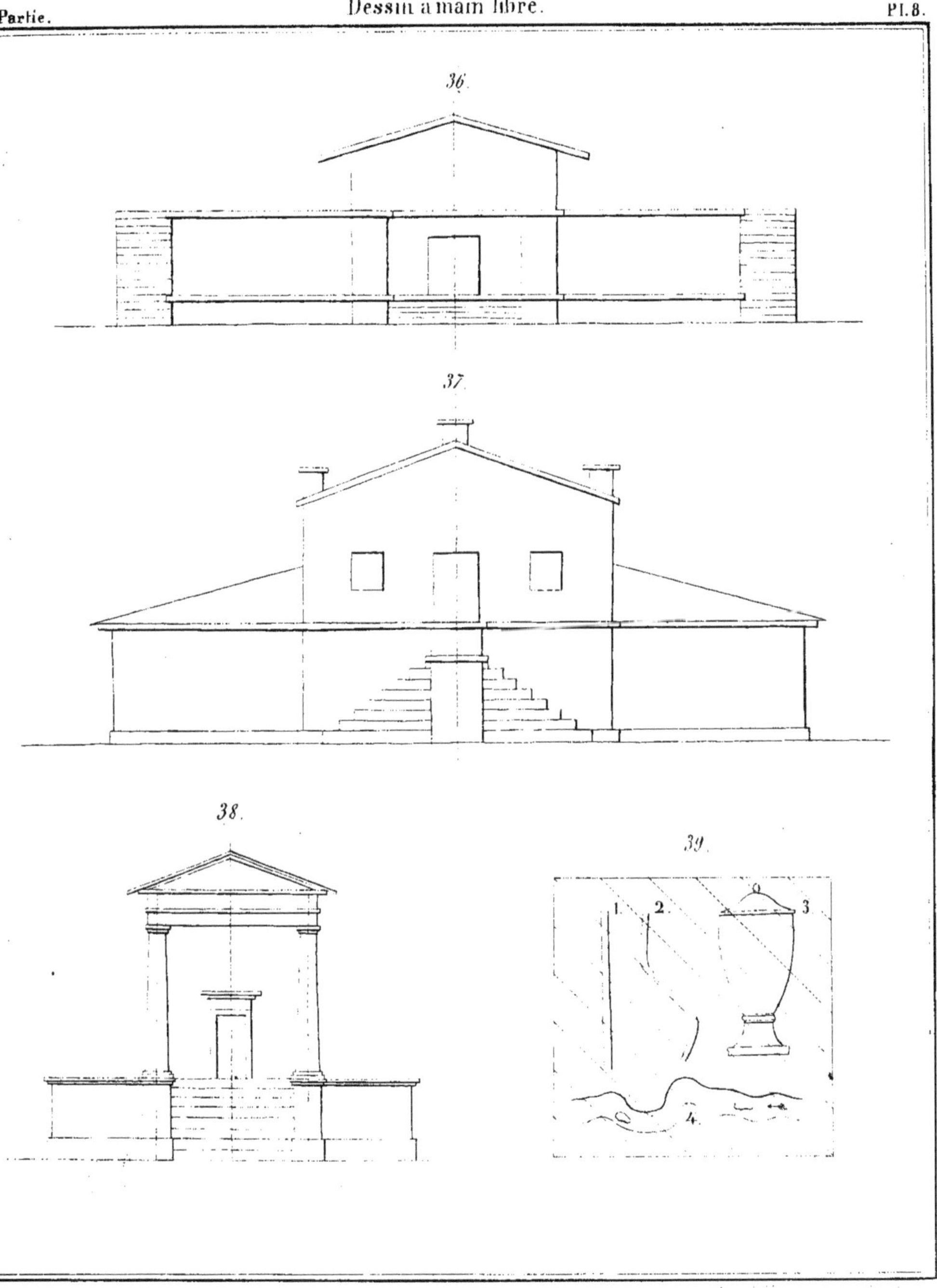
36.
37.
38.
39.
1.
2.
3.
4.

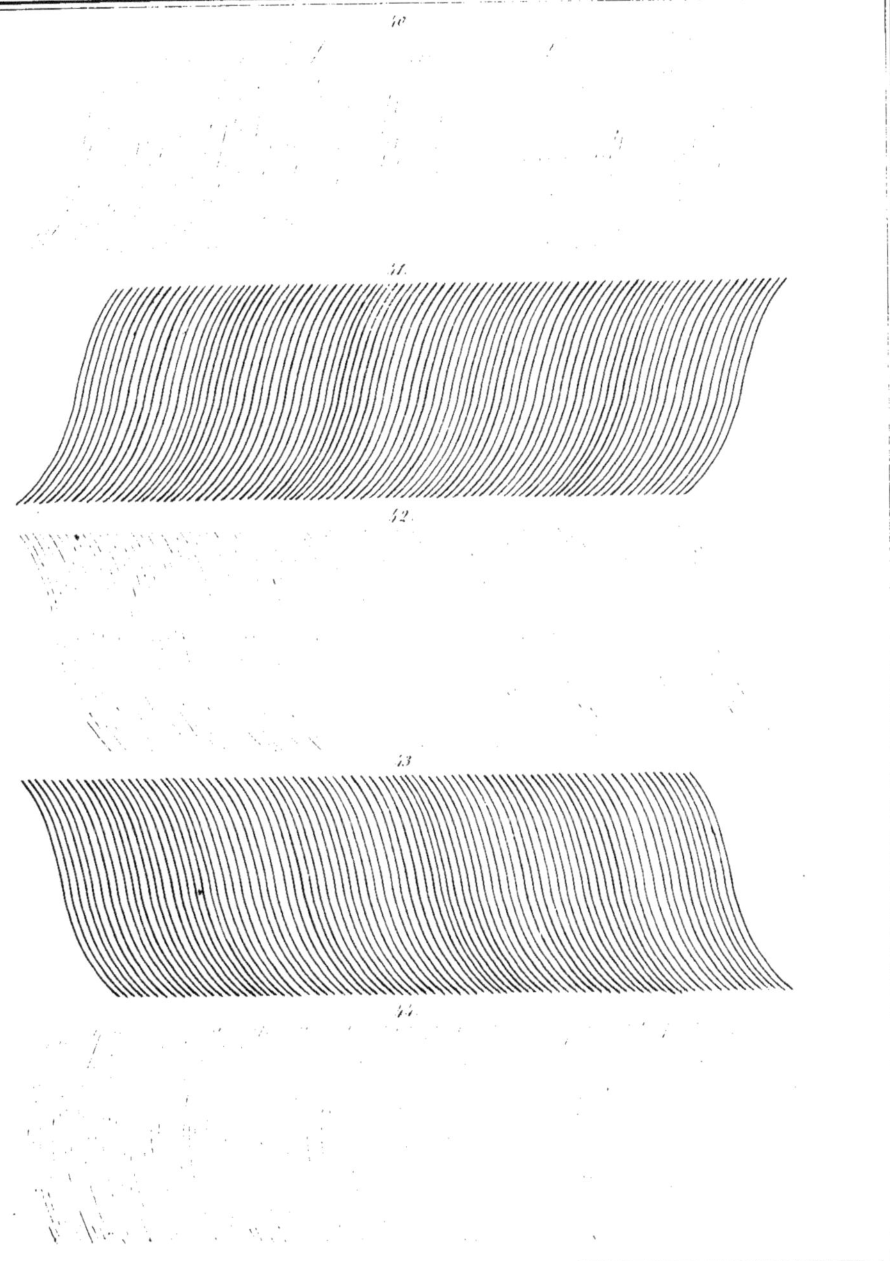
40
41.
42.
43.
44.

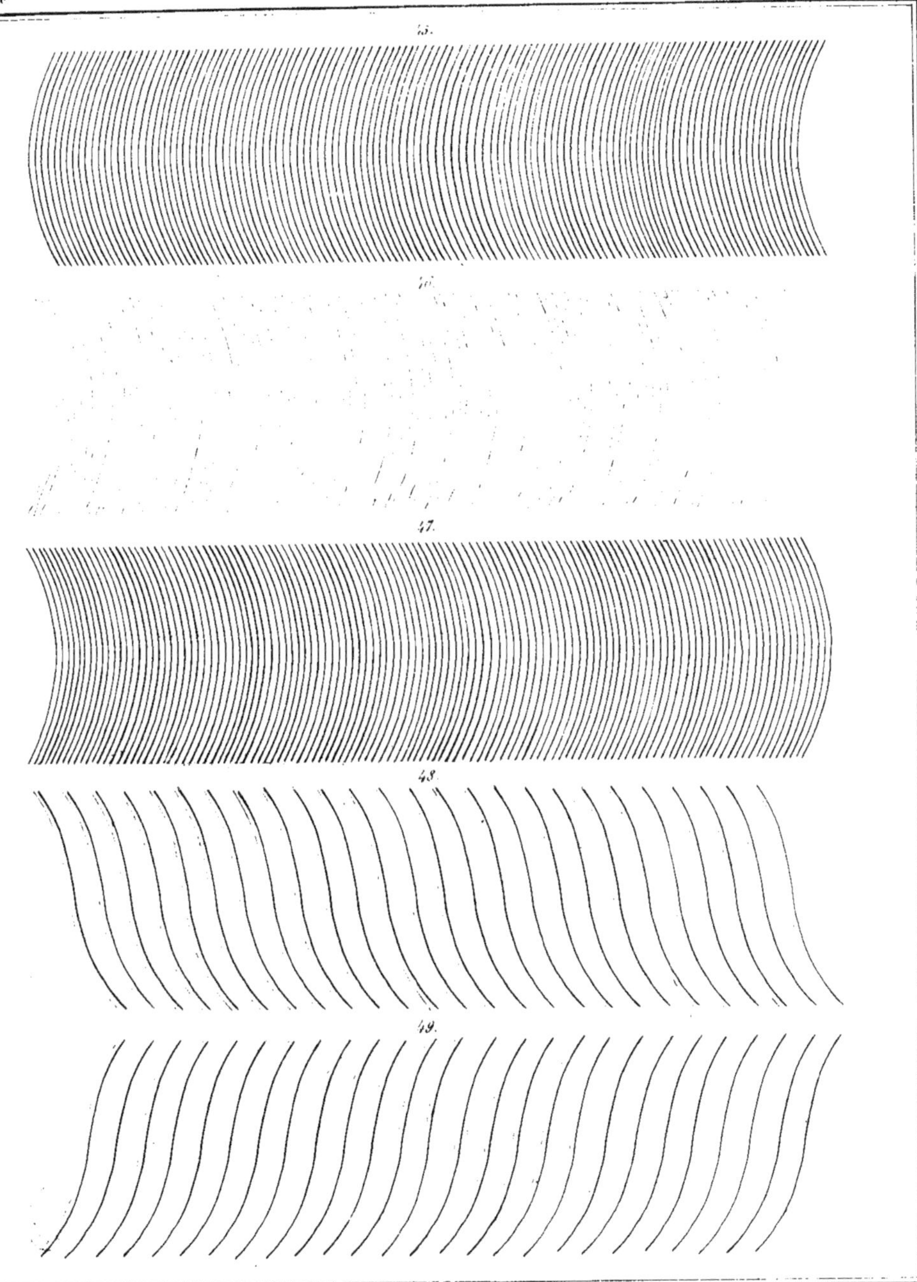
47.
48.
49.

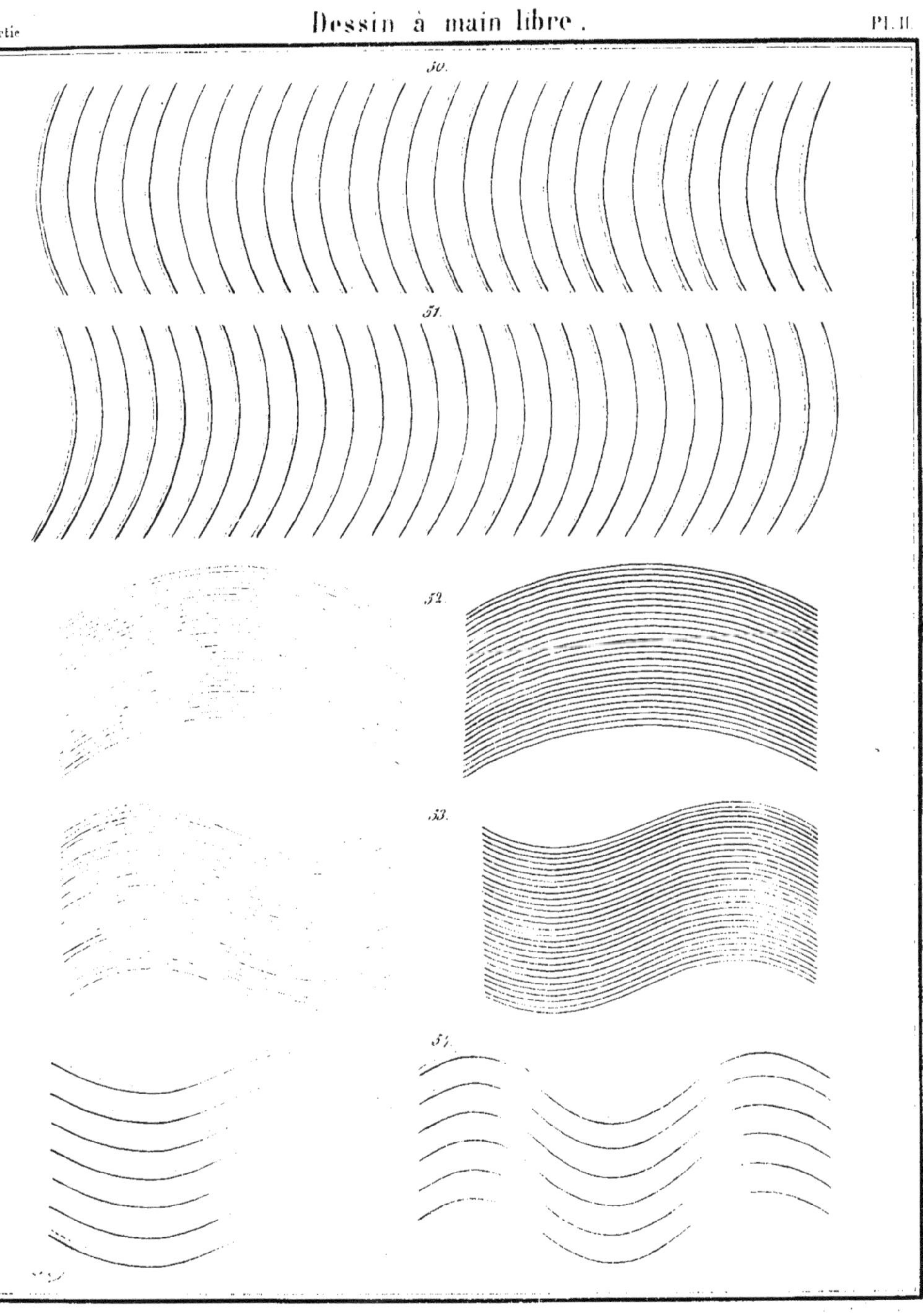
50.
51.
52.
53.
54.

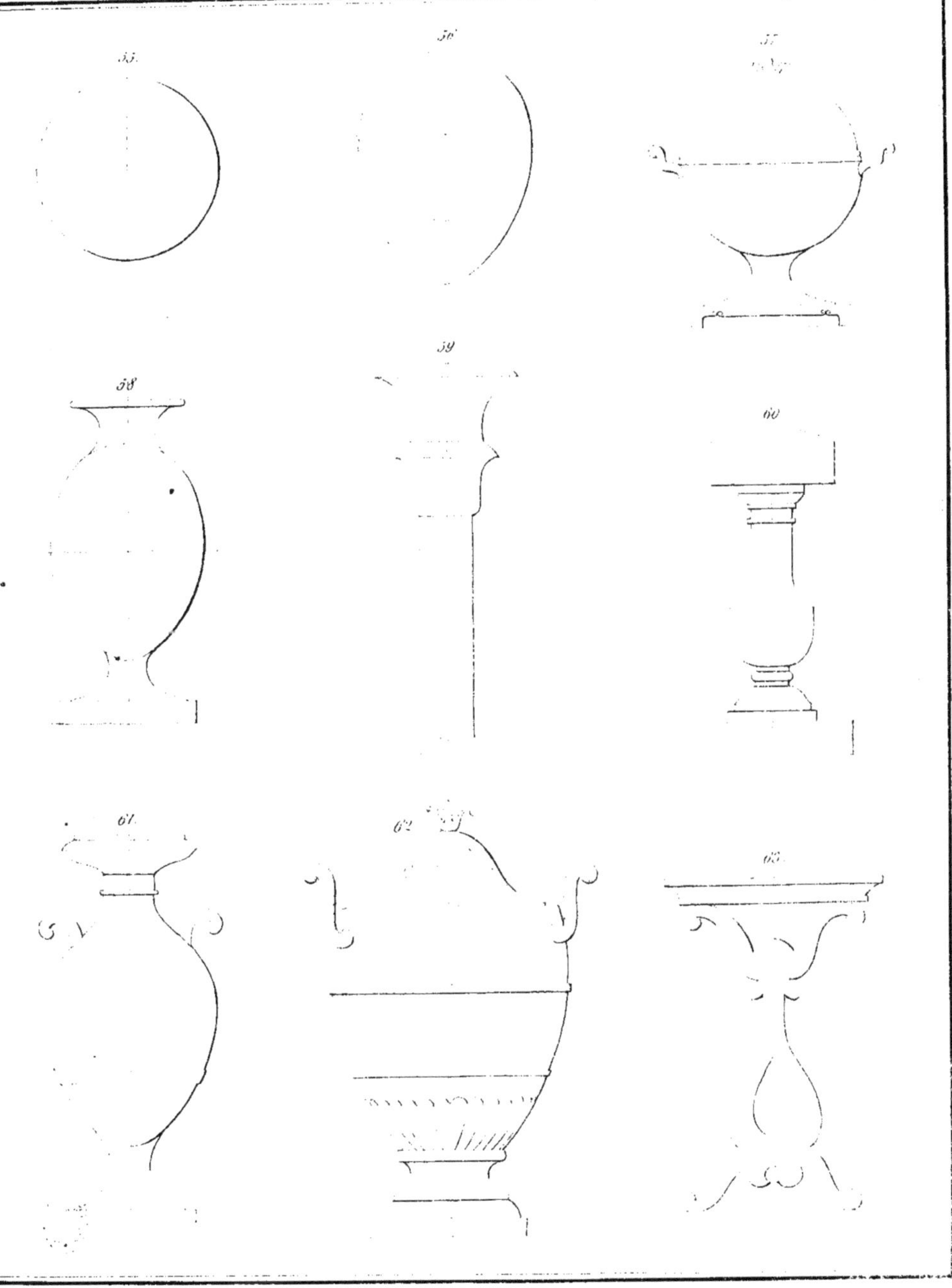
55.
56.
57.
58.
59.
60.
61.
62.
63.

64.

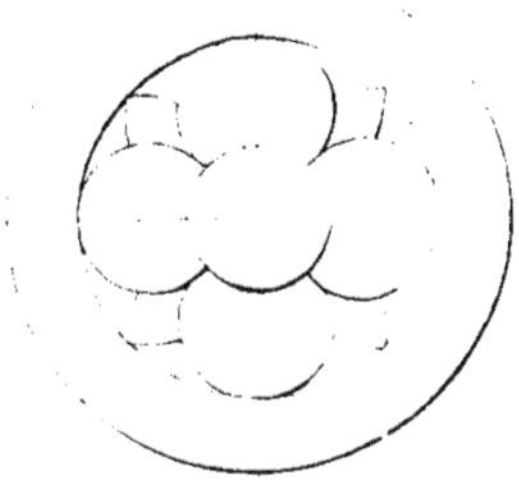

65.

66.

67.

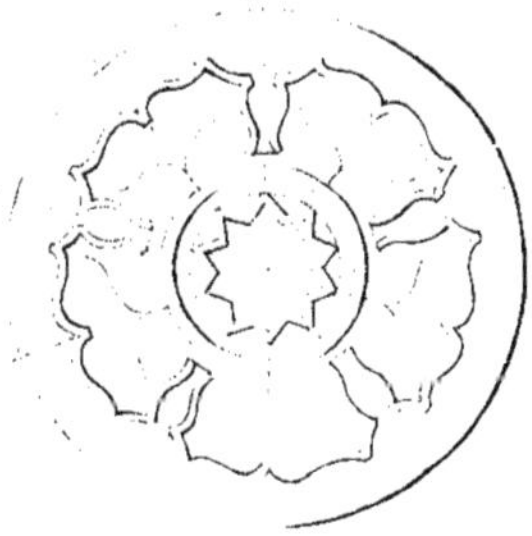

68.

69.

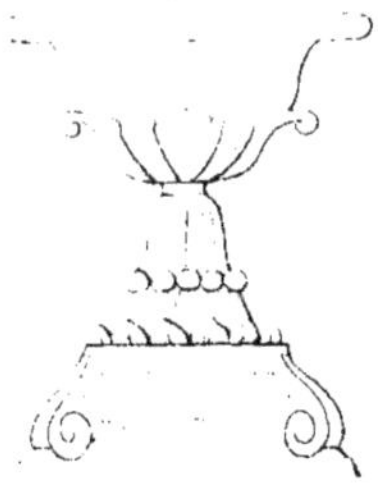

70.

71.

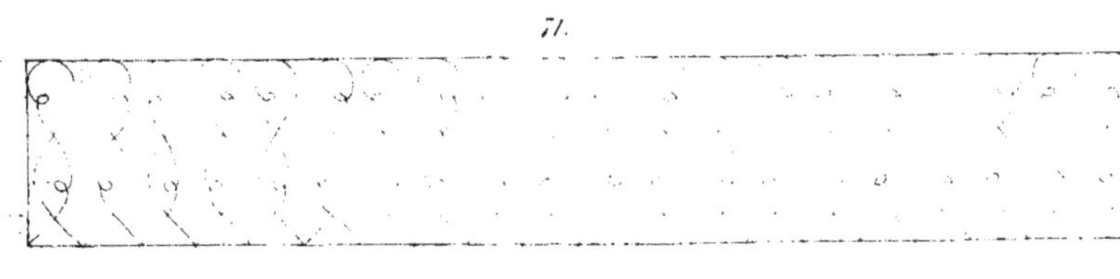

72.

73.

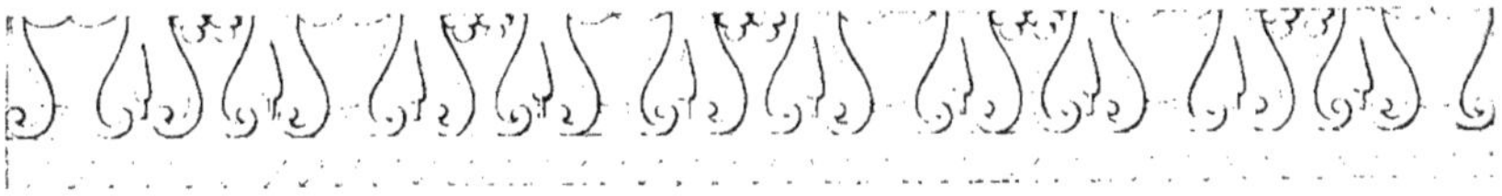

74.

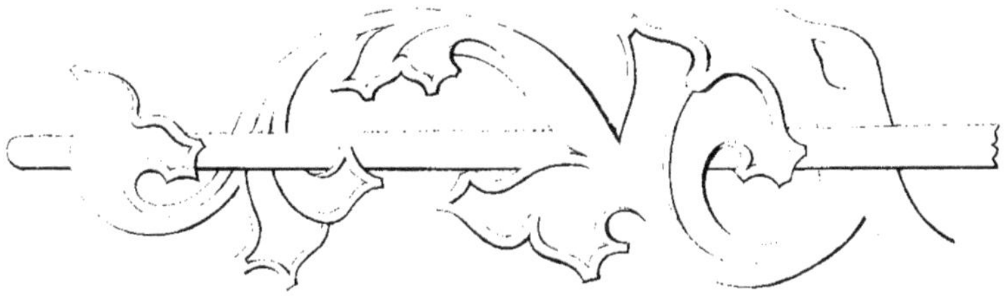

75.

76.

77.

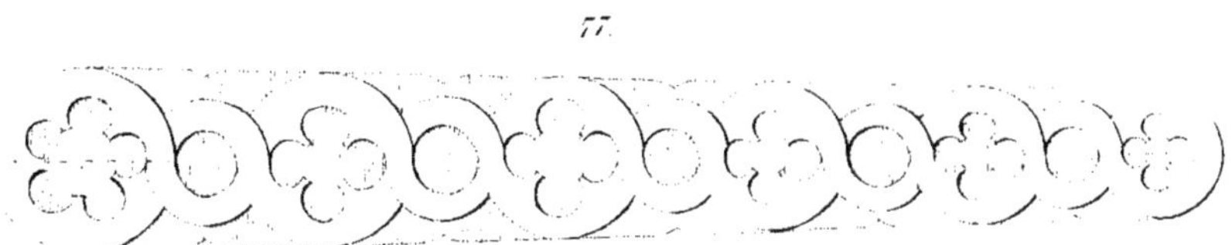

78.

79.

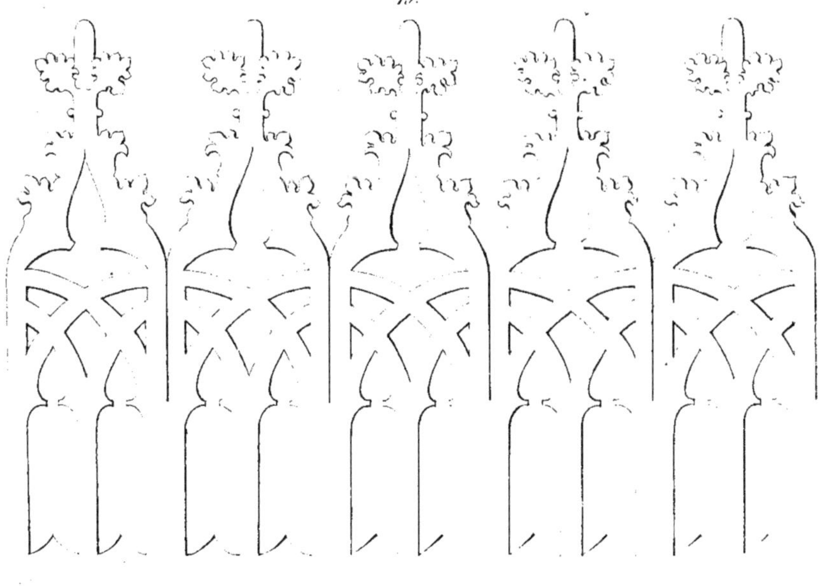

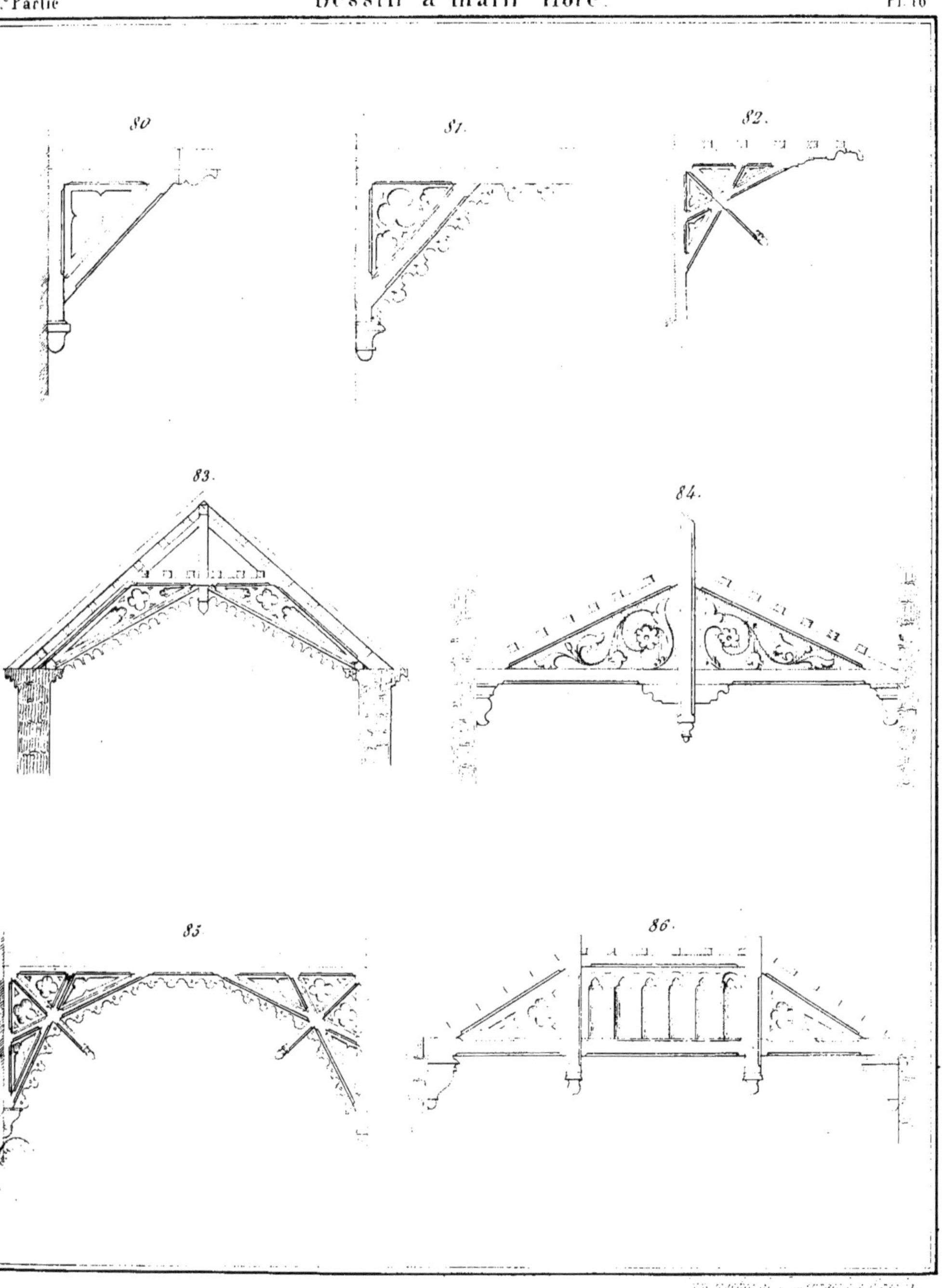
80
81.
82.
83.
84.
85
86.

87.
88.
89.

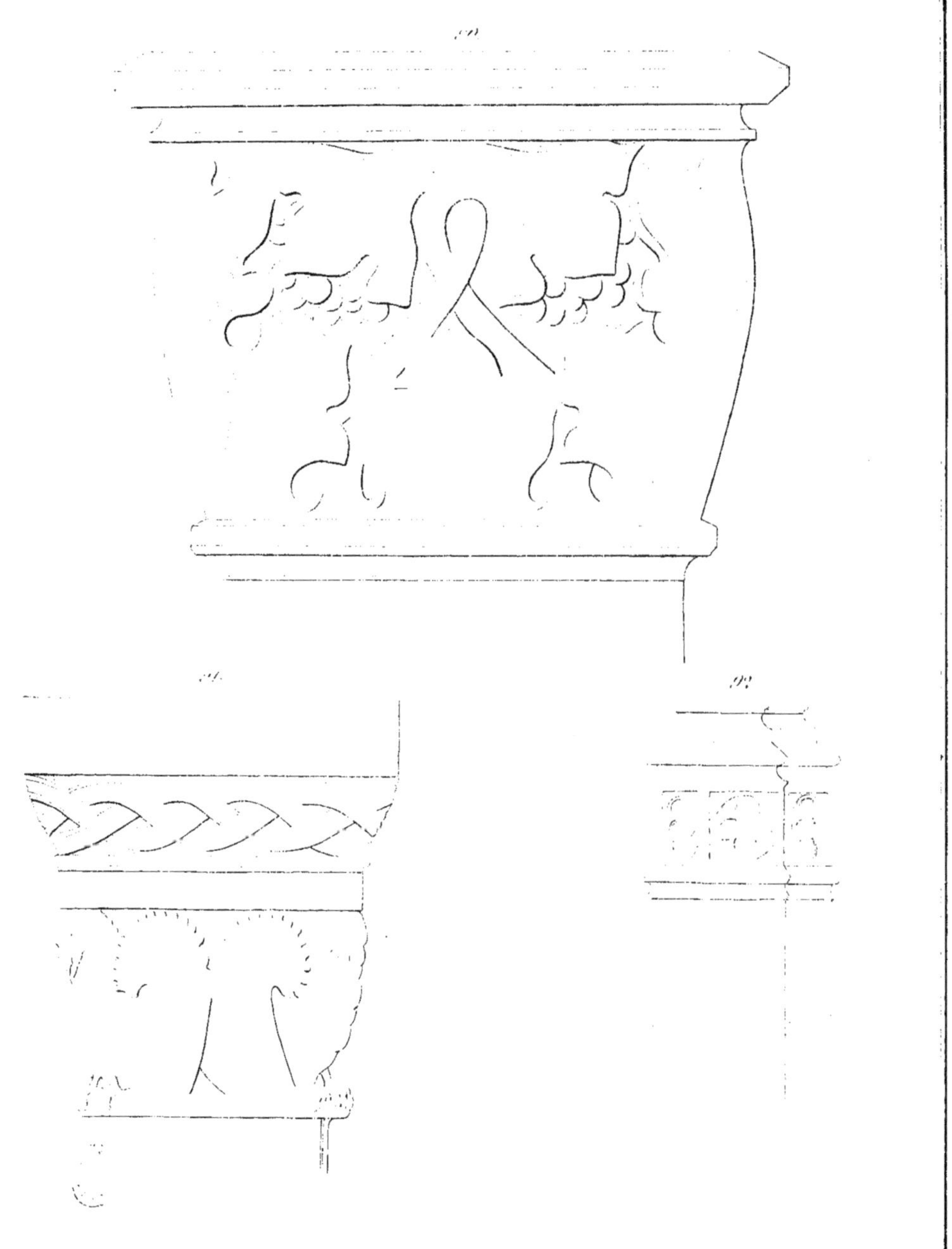

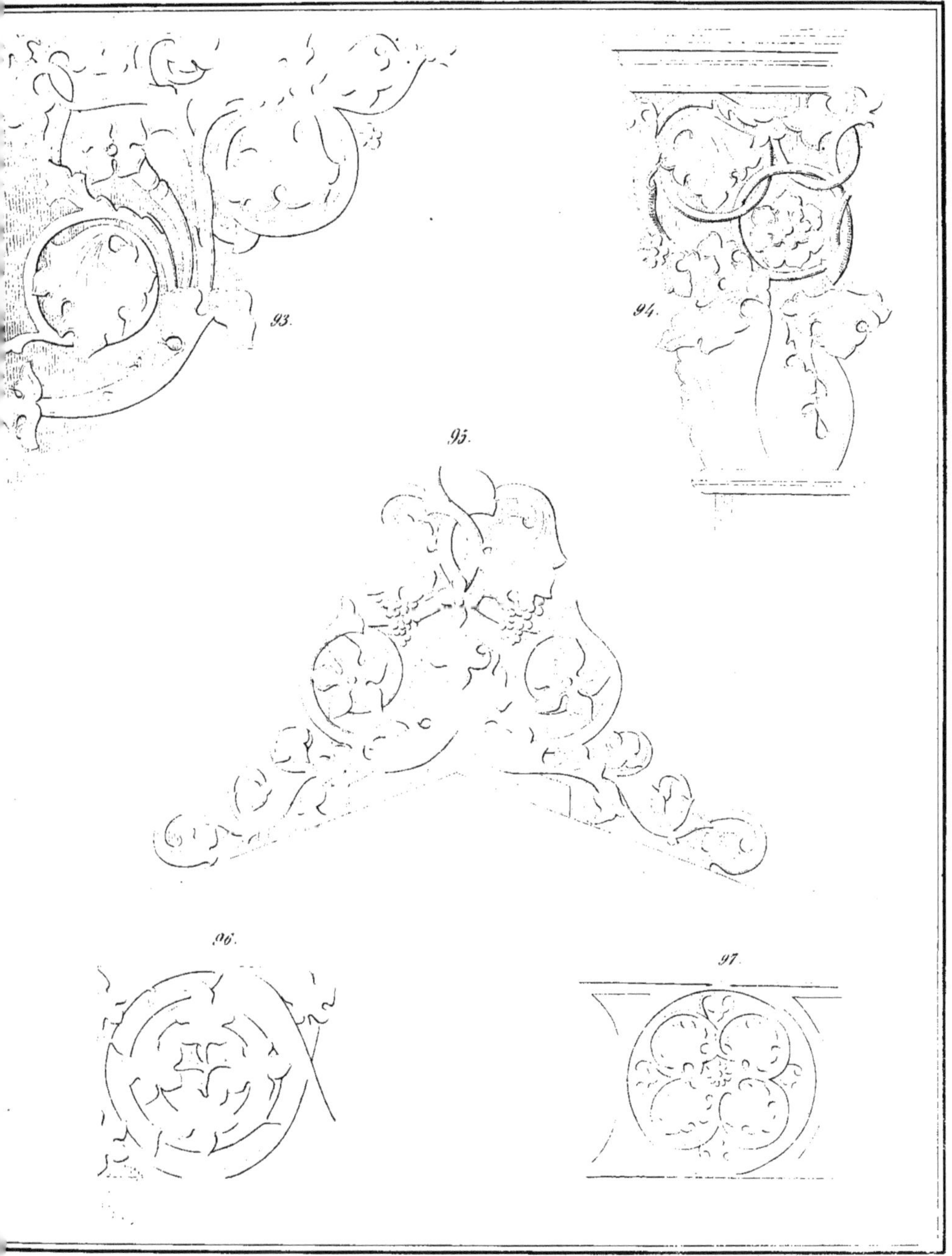
93.
94.
95.
96.
97.

102.
103.

100.
101.

www.ingramcontent.com/pod-product-compliance
Ingram Content Group UK Ltd.
Pitfield, Milton Keynes, MK11 3LW, UK
UKHW020438180726
13839UKWH00004B/1556

9 782329 567754